톡톡 창의력 숫자 쓰기 스티커

⊙ 8쪽에 붙이세요.

일　　하나　　육　　여섯

⊙ 14쪽에 붙이세요.　　⊙ 52쪽에 붙이세요.

이　　둘　　칠　　일곱

⊙ 20쪽에 붙이세요.　　⊙ 58쪽에 붙이세요.

삼　　셋　　팔　　여덟

⊙ 26쪽에 붙이세요.　　⊙ 64쪽에 붙이세요.

사　　넷　　구　　아홉

⊙ 32쪽에 붙이세요.　　⊙ 70쪽에 붙이세요.

오　　다섯　　십　　열

5
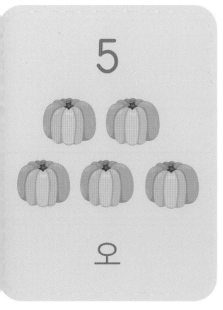
오

6
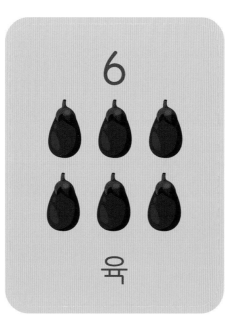
육

I
을
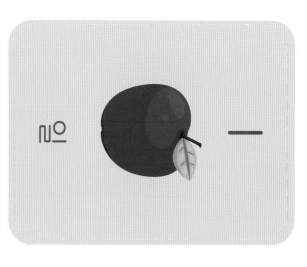

7

칠

8

팔

2
이
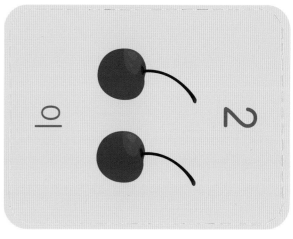

3
삼

9

구

I0
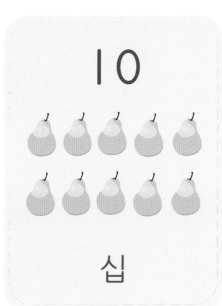
십

4
사
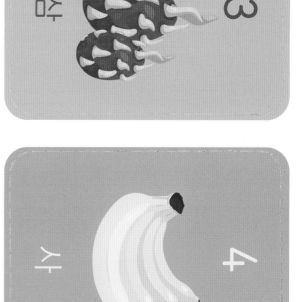

5 오, 다섯

6 육, 여섯

1 일, 하나

7 칠, 일곱

8 팔, 여덟

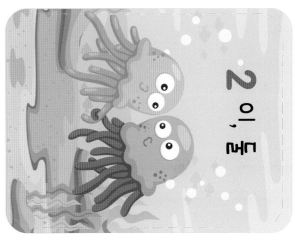

2 이, 둘

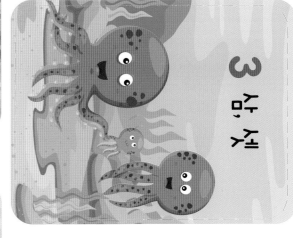

3 삼, 셋

9 구, 아홉

10 십, 열

4 사, 넷

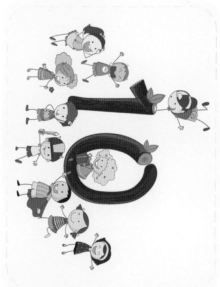

5 Five sheeps

6 Six chicks

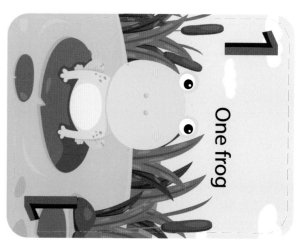

1 One frog

2 Two ants

7 Seven monkeys

8 Eight birds

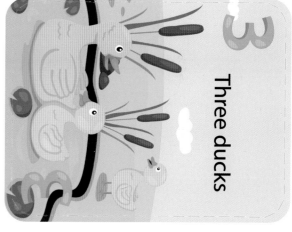

3 Three ducks

9 Nine bees

10 Ten mosquitos

4 Four flamingos

쓰고 그리고 칠하면서 머리가 좋아지는

4~6세

토토 창의력 숫자 쓰기

창의수학연구소 지음

한빛에듀

창의수학연구소는

창의수학연구소를 이끌고 있는 장동수 소장은 국내 최초의 창의력 교재인 [창의력 해법수학]과
영재교육의 새 지평을 연 천재교육 [로드맵 영재수학] 등 250여 권이 넘는 수학 교재를 집필했습니다.
창의수학연구소는 오늘도 우리 아이들이 어떻게 공부에 재미를 붙이고 창의력을 키워나갈 수 있게 할 것인지를 고민하며,
좋은 책과 더 나은 학습 환경을 만들기 위해 노력합니다.

쓰고 그리고 칠하면서 머리가 좋아지는

톡톡 창의력 숫자 쓰기 4-6세(만3-5세)

초판 1쇄 발행 2015년 12월 20일
초판 6쇄 발행 2022년 5월 10일

지은이 창의수학연구소 **펴낸이** 김태헌
총괄 임규근 **책임편집** 김혜선 **기획** 전정아 **진행** 오주현
디자인 천승훈
영업 문윤식, 조유미 **마케팅** 신우섭, 손희정, 박수미 **제작** 박성우, 김정우
펴낸곳 한빛에듀 **주소** 서울시 서대문구 연희로2길 62 한빛아카데미(주) 실용출판부
전화 02-336-7129 **팩스** 02-325-6300
등록 2015년 11월 24일 제2015-000351호 **ISBN** 978-89-6848-403-2 64410

이 책에 대한 의견이나 오탈자 및 잘못된 내용에 대한 수정 정보는 한빛에듀의 홈페이지나 아래 이메일로
알려주십시오. 잘못된 책은 구입하신 서점에서 교환해 드립니다. 책값은 뒤표지에 표시되어 있습니다.

한빛에듀 홈페이지 edu.hanbit.co.kr **이메일** edu@hanbit.co.kr

지금 하지 않으면 할 수 없는 일이 있습니다.
책으로 펴내고 싶은 아이디어나 원고를 메일(writer@hanbit.co.kr)로 보내주세요.
한빛미디어(주)는 여러분의 소중한 경험과 지식을 기다리고 있습니다.

사용연령 3세 이상 **제조국** 대한민국
사용상 주의사항 책종이가 날카로우니 베이지 않도록 주의하세요.

부모님, 이렇게 도와 주세요!

❶ 우리 아이, 창의력 활동이 처음이라면!

아이가 창의력 활동이 처음이더라도 우리 아이가 잘할 수 있을까 하고 걱정할 필요는 없습니다. 중요한 것은 어느 나이에 시작하느냐가 아니라 아이가 재미있게 창의력 활동을 시작하는 것입니다. 따라서 아이가 흥미를 보인다면 어느 나이에 시작하든 상관없습니다.

❷ 큰 소리로 읽고, 쓰고 그릴 수 있도록 해 주세요

큰 소리로 읽다 보면 자신감이 생깁니다. 자신감이 생기면 쓰고 그리는 활동도 더욱 즐겁고 재미있습니다. 각각의 페이지에는 우리 아이에게 친근한 사물 그림과 이름도 함께 있습니다. 그냥 눈으로만 보고 넘어가지 말고 아이랑 함께 크게 읽어 보세요. 처음에는 부모님이 먼저 읽은 후 아이가 따라 읽게 합니다. 나중에는 아이가 먼저 읽게 한 후 부모님도 동의하듯 따라 읽어 주세요. 그러면 아이의 성취감은 더욱 높아지고 한글 쓰기 활동이 놀이처럼 재미있어집니다.

❸ 아이와 함께 이야기를 하며 풀어 주세요

이 책에는 여러 사물이 등장합니다. 아이가 각 글자를 익히면서 연관된 사물을 보고 이야기를 만들 수 있도록 해 주세요. 함께 보고 만져 보았거나 체험했던 사실을 바탕으로 얘기를 하면서 아이가 자연스럽게 사물과 낱말을 연결시켜 익힐 수 있습니다. 때에 따라서는 직접 해당 사물을 옆에 두고 함께 이야기를 하며 글자와 낱말을 생생하게 익힐 수 있도록 해 주세요.

❹ 아이의 생각을 존중해 주세요

아이가 한글 쓰기를 하면서 가끔은 전혀 예상하지 못했던 생각을 펼치거나 질문을 할 수도 있습니다. 그럴 때는 아이가 왜 그렇게 생각하는지 그 이유를 차근차근 물어보면서 아이의 생각이 맞다고 인정해 주세요. 부모님이 아이를 믿고 기다려 주는 만큼 아이의 생각과 창의력은 성큼 자랍니다.

이 책과 함께 보면 좋은
톡톡 창의력 시리즈

유아 기초 교재

창의력 활동이 처음인 아이라면 선 긋기, 그림 찾기, 색칠하기, 미로 찾기, 숫자 쓰기, 종이 접기, 한글 쓰기, 알파벳 쓰기 등의 톡톡 창의력 시작하기 교재로 시작하세요. 아이가 좋아하는 그림과 함께 칠하고 쓰고 그리면서 자연스럽게 필기구를 다루는 방법을 익히고 협응력과 집중력을 기를 수 있습니다.

유아 창의력 수학 교재

아이가 흥미를 느끼고 재미있게 창의력 활동을 시작할 수 있도록 아이들이 좋아하는 그림으로 문제를 구성했습니다. 또한 아이들이 생활 주변에서 흔히 접할 수 있는 친근하고 재미있는 문제를 연령별 수준과 난이도에 맞게 구성했습니다. 생활 주변 문제를 반복적으로 풀어봄으로써 상상력과 창의적 사고를 키우는 습관을 자연스럽게 기를 수 있습니다.

5세
___
1권

6세
___
1~5권

7세
___
1~6권

예비
초등
6~7세

그림으로 배우는 유아 창의력 수학 교재

글이 아닌 그림으로 문제를 구성하여 아이가 자유롭게 상상하며 스스로 질문을 찾아 문제 해결력을 높일 수 있도록 했습니다. 가끔 힌트를 주거나 간단한 가이드 정도는 주되, 아이가 문제를 바로 이해하지 못하더라도 부모님이 직접 가르쳐 주지 마세요. 옆에서 응원하고 기다리다 보면 아이 스스로 생각하며 해결하는 능력을 깨우치게 됩니다.

이 책의 내용

- ★ 1부터 10까지 숫자 세기/쓰기

- ★ 차례대로 점 잇기

- ★ 빈 곳에 숫자 쓰기

- ★ 크기 비교하기

숫자 1을 배워요

소리내어 크게 읽어 보세요.

1

일, 하나

고래 한 마리

숫자 1을 익혀요

| 을 정확하게 읽고 쓸 수 있도록 해요.

일

일, 하나를 읽으면서 붙임 딱지를 붙이세요.

하나

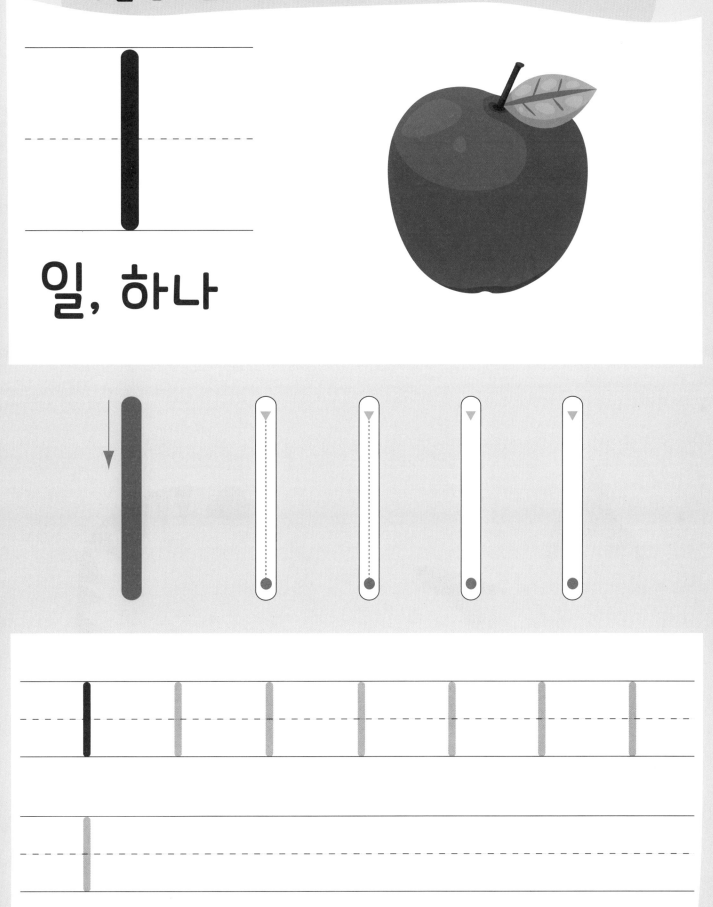

일, 하나

세어 보고  안에 알맞은 수를 써넣으세요.

세어 보고 ☐ 안에 알맞은 수를 써넣으세요.

예쁘게 색칠하여 보세요.

12

2 이, 둘

해파리 두 마리

숫자 2를 익혀요

2를 정확하게 읽고 쓸 수 있도록 해요.

이, 둘을 읽으면서 붙임 딱지를 붙이세요.

이

둘

2

이, 둘

2 2 2 2

2 2 2 2 2 2

2

세어 보고 ☐ 안에 알맞은 수를 써넣으세요.

세어 보고 ☐ 안에 알맞은 수를 써넣으세요.

예쁘게 색칠하여 보세요.

18

3 숫자 3을 배워요

소리내어 크게 읽어 보세요.

3 삼, 셋

문어 세 마리

숫자 3을 익혀요
3을 정확하게 읽고 쓸 수 있도록 해요.

삼, 셋을 읽으면서 붙임 딱지를 붙이세요.

삼

셋

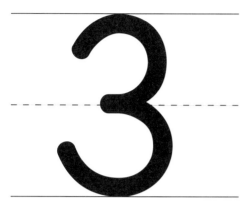

3
삼, 셋

3 3 3 3

3 3 3 3 3 3

3

세어 보고 ▢ 안에 알맞은 수를 써넣으세요.

세어 보고 ☐ 안에 알맞은 수를 써넣으세요.

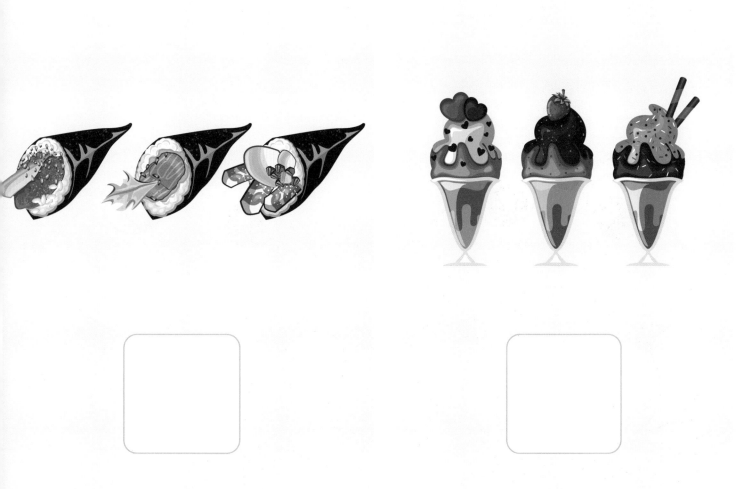

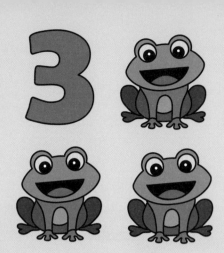

예쁘게 색칠하여 보세요.

24

4 사, 넷

상어 네 마리

숫자 4를 익혀요

4를 정확하게 읽고 쓸 수 있도록 해요.

사, 넷을 읽으면서 붙임 딱지를 붙이세요.

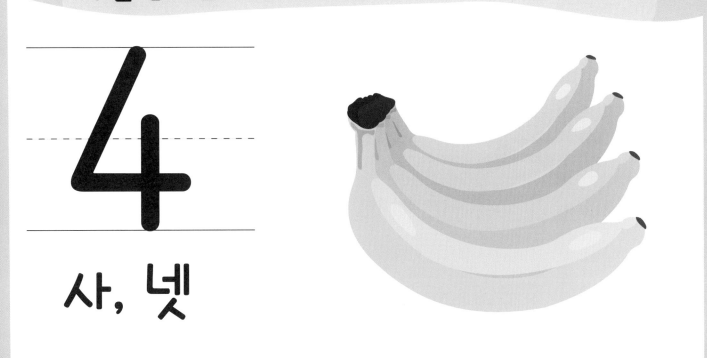

4

사, 넷

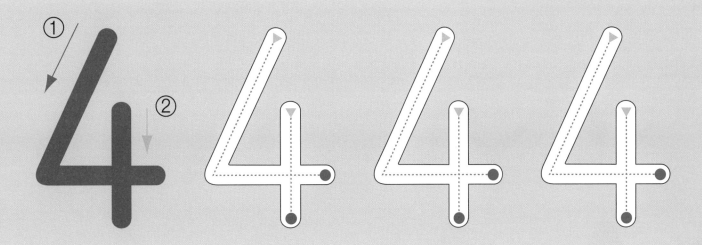

4 4 4 4 4 4

4

세어 보고 ☐ 안에 알맞은 수를 써넣으세요.

세어 보고 ☐ 안에 알맞은 수를 써넣으세요.

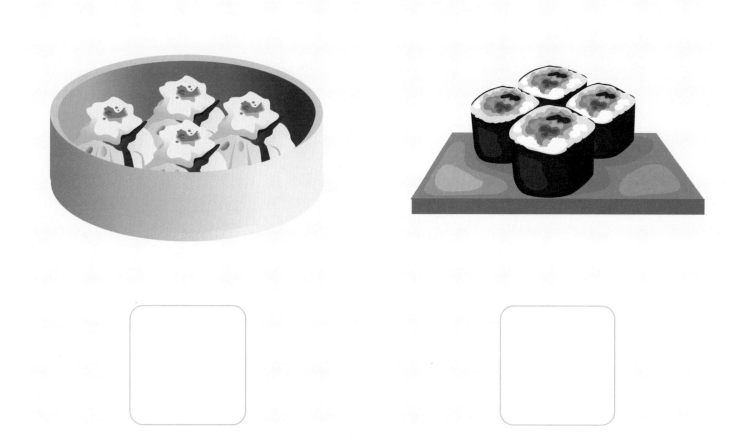

예쁘게 색칠하여 보세요.

5 오, 다섯

돌 고래 다섯 마리

숫자 5를 익혀요

5를 정확하게 읽고 쓸 수 있도록 해요.

오, 다섯을 읽으면서 붙임 딱지를 붙이세요.

오

다섯

수를 읽으면서 써 보세요.

5

오, 다섯

① ②

5 5 5 5

5 5 5 5 5 5

5

세어 보고 ⬜ 안에 알맞은 수를 써넣으세요.

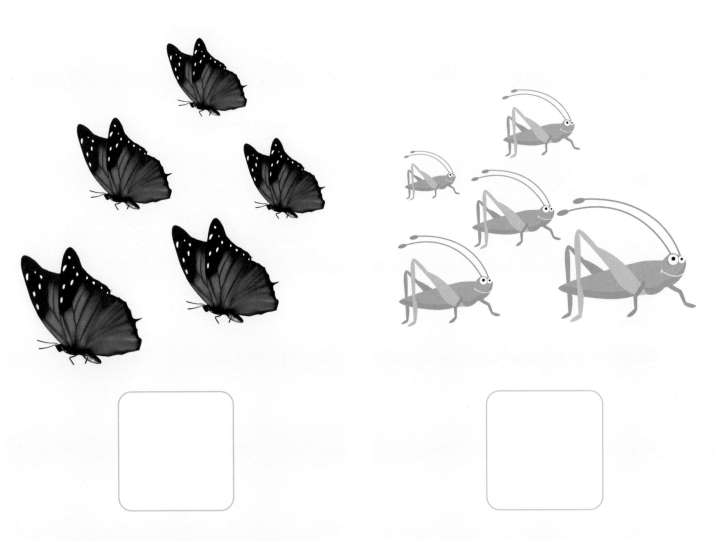

세어 보고 ☐ 안에 알맞은 수를 써넣으세요.

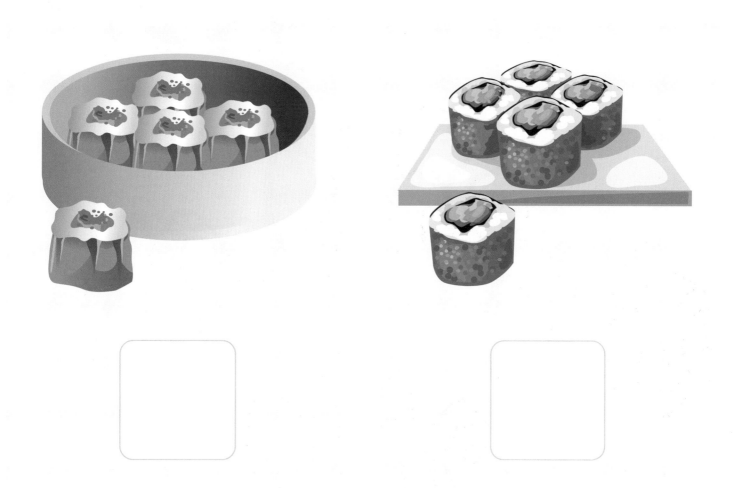

예쁘게 색칠하여 보세요.

36

1부터 5까지의 수

한 마리씩 짚어 가며 세어 보고 숫자를 읽어 보세요.

하나, 일

둘, 이

 한 마리씩 짚어 가며 세어 보고 숫자를 읽어 보세요.

셋, 삼

넷, 사

 한 마리씩 짚어 가며 세어 보고 숫자를 읽어 보세요.

다섯, 오

하나	둘	셋	넷	다섯
일	이	삼	사	오

 개수를 세어 보고 숫자를 써 보세요.

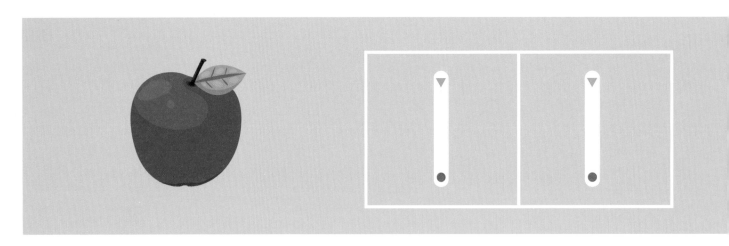

 개수를 세어 보고 숫자를 써 보세요.

개수를 세어 보고 알맞은 숫자를 찾아서 ◯표 하세요.

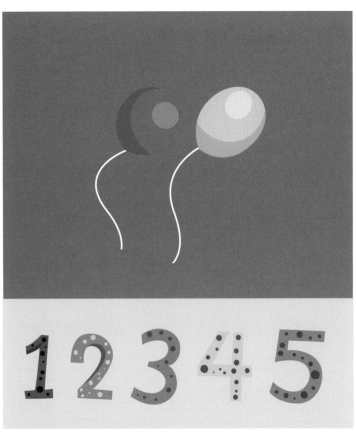

 왼쪽의 수만큼 ○를 색칠하세요.

1 ○ ○ ○ ○ ○

2 ○ ○ ○ ○ ○

3 ○ ○ ○ ○ ○

4 ○ ○ ○ ○ ○

5 ○ ○ ○ ○ ○

쌓기나무의 개수를 세어 ☐ 안에 알맞은 수를 써넣으세요.

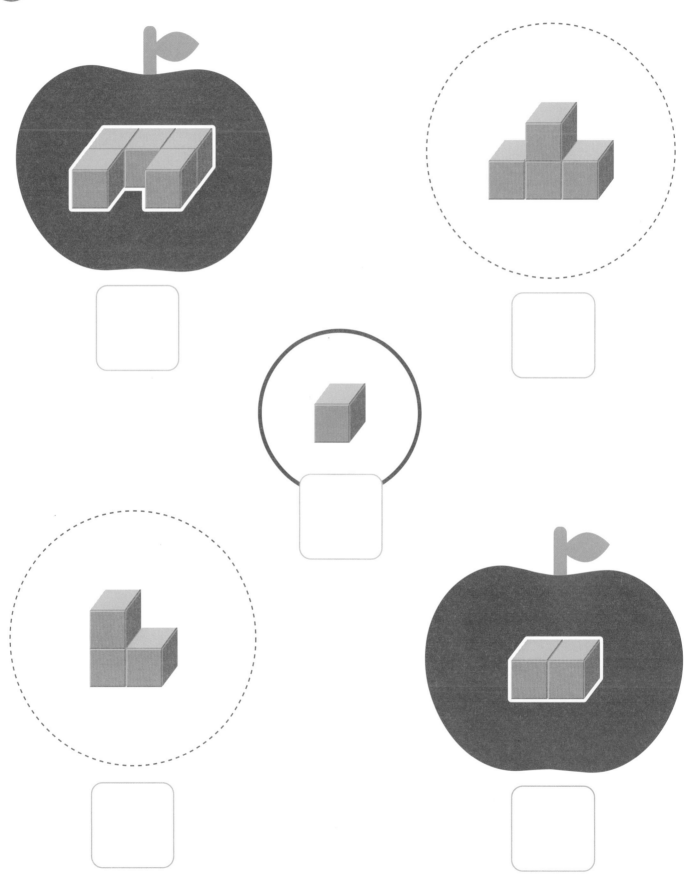

숫자 6을 배워요
소리내어 크게 읽어 보세요.

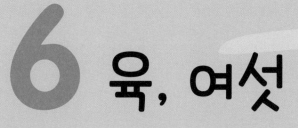

6 육, 여섯

가오리 여섯 마리

숫자 6을 익혀요

6을 정확하게 읽고 쓸 수 있도록 해요.

육, 여섯을 읽으면서 붙임 딱지를 붙이세요.

육

여섯

46

수를 읽으면서 써 보세요.

6

육, 여섯

세어 보고 ☐ 안에 알맞은 수를 써넣으세요.

세어 보고  안에 알맞은 수를 써넣으세요.

예쁘게 색칠하여 보세요.

7 칠, 일곱

복어 일곱 마리

숫자 7을 익혀요

7을 정확하게 읽고 쓸 수 있도록 해요.

칠

칠, 일곱을 읽으면서 붙임 딱지를 붙이세요.

일곱

7

칠, 일곱

 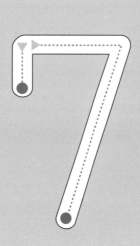 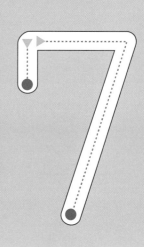

7 7 7 7 7 7

세어 보고 ☐ 안에 알맞은 수를 써넣으세요.

☐

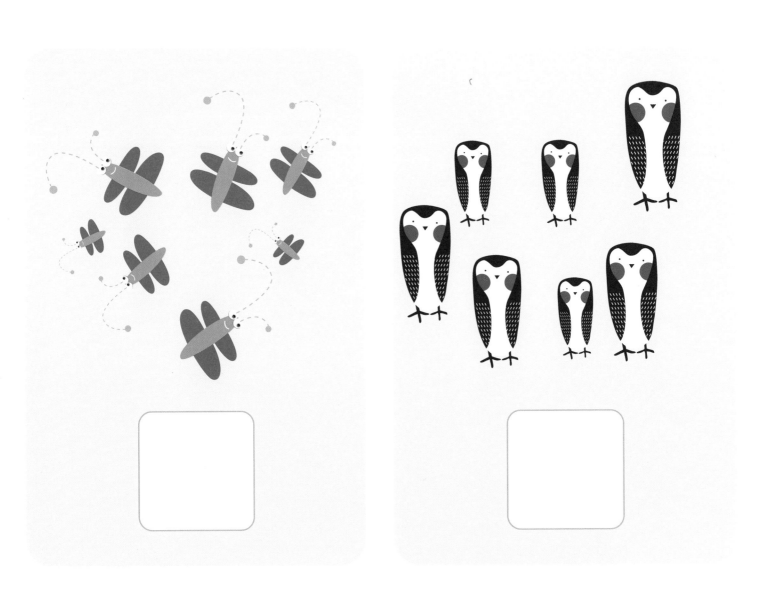

☐   ☐

세어 보고 ☐ 안에 알맞은 수를 써넣으세요.

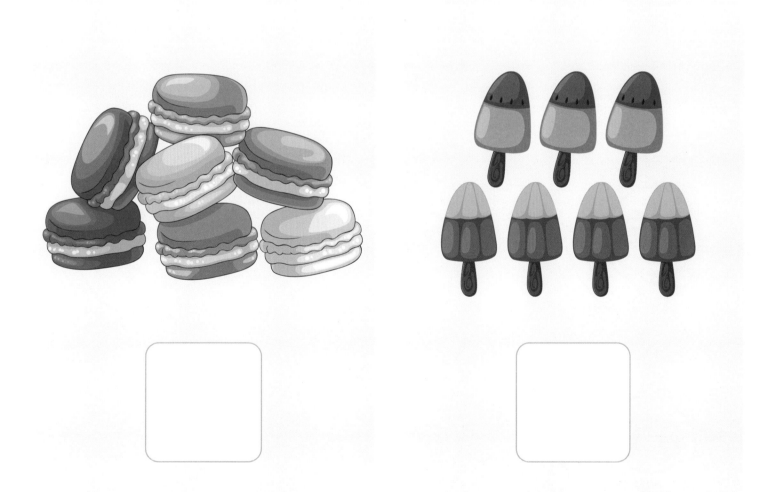

예쁘게 색칠하여 보세요.

숫자 8을 배워요

소리내어 크게 읽어 보세요.

8 팔, 여덟

열대어 여덟 마리

숫자 8을 익혀요
8을 정확하게 읽고 쓸 수 있도록 해요.

팔, 여덟을 읽으면서 붙임 딱지를 붙이세요.

팔

여덟

8

팔, 여덟

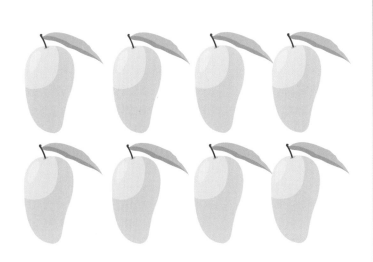

세어 보고 ☐ 안에 알맞은 수를 써넣으세요.

세어 보고 ☐ 안에 알맞은 수를 써넣으세요.

예쁘게 색칠하여 보세요.

9 구, 아홉

열대어 아홉 마리

숫자 9를 익혀요

9를 정확하게 읽고 쓸 수 있도록 해요.

구, 아홉을 읽으면서 붙임 딱지를 붙이세요.

구

아홉

9

구, 아홉

9 9 9 9 9 9 9

9

세어 보고 ☐ 안에 알맞은 수를 써넣으세요.

세어 보고 ☐ 안에 알맞은 수를 써넣으세요.

예쁘게 색칠하여 보세요.

10 십, 열

해마 열 마리

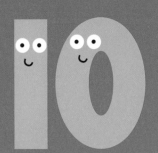
십, 열을 읽으면서 붙임 딱지를 붙이세요.

수를 읽으면서 써 보세요.

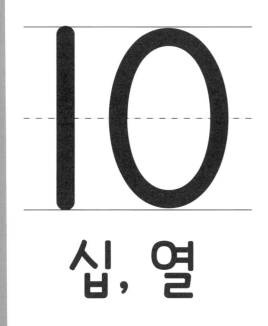

십, 열

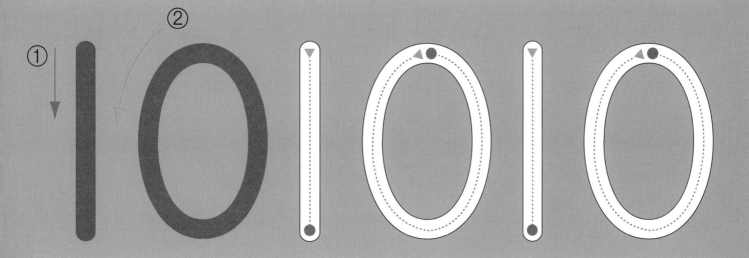

세어 보고 ☐ 안에 알맞은 수를 써넣으세요.

세어 보고 ☐ 안에 알맞은 수를 써넣으세요.

예쁘게 색칠하여 보세요.

6부터 10까지의 수

 수리력, 인지력

 한 마리씩 짚어 가며 세어 보고, 숫자를 읽어 보세요.

여섯, 육

일곱, 칠

 한 마리씩 짚어 가며 세어 보고 숫자를 읽어 보세요.

여덟, 팔

아홉, 구

한 마리씩 짚어 가며 세어 보고 숫자를 읽어 보세요.

열 , 십

| 여섯 | 일곱 | 여덟 | 아홉 | 열 |
| 육 | 칠 | 팔 | 구 | 십 |

개수를 세어 보고 숫자를 써 보세요.

 개수를 세어 보고 숫자를 써 보세요.

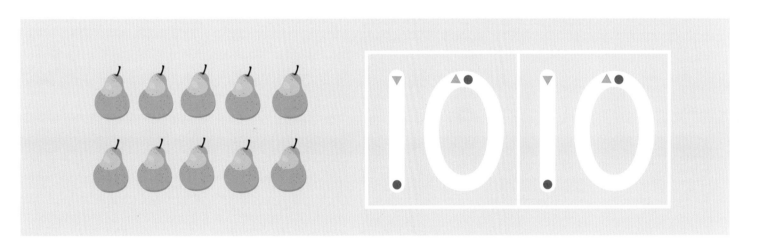

 개수를 세어 보고 알맞은 숫자를 찾아서 ◯표 하세요.

6 7 8 9 10

6 7 8 9 10

6 7 8 9 10

6 7 8 9 10

왼쪽의 수만큼 ◯를 색칠하세요.

6

7

8

9

10

쌓기나무의 개수를 세어 ☐ 안에 알맞은 수를 써넣으세요.

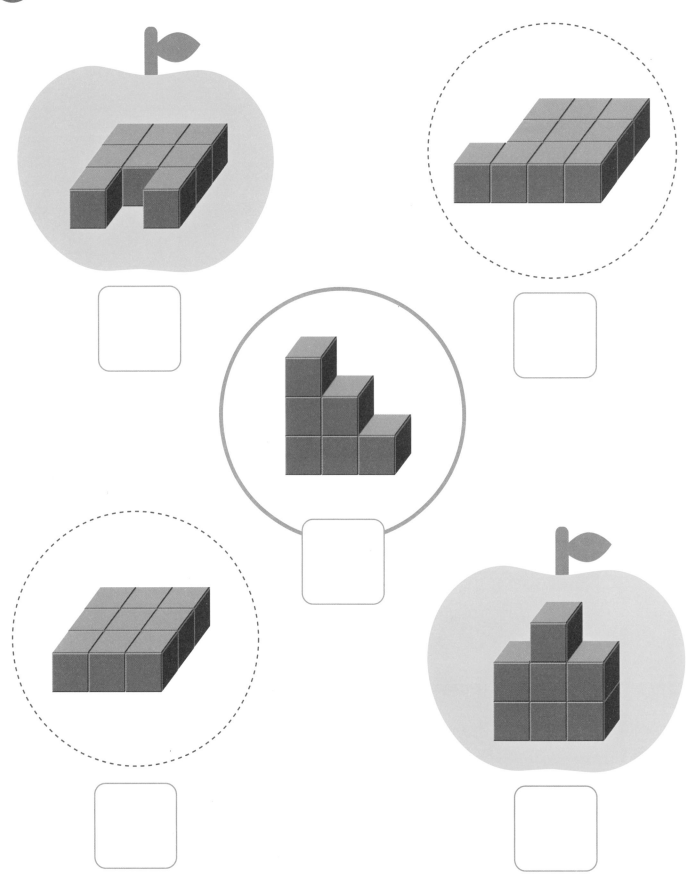

1부터 10까지의 수

 1.2.3 숫자를 두 가지 방법으로 읽어 보세요.

1	일, 하나	
2	이, 둘	
3		
4		
5		
6		
7		
8		
9		
10		

 개미는 몇 마리일까요? 세어 보고 수를 쓰세요.

 개미는 몇 마리일까요? 세어 보고 수를 쓰세요.

 각각 몇 마리인지 세어 보고 수를 쓰세요.

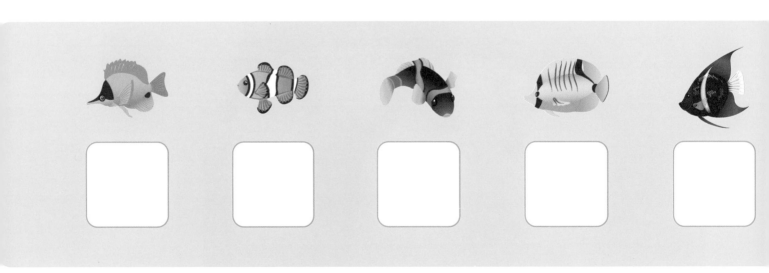

각각 몇 마리인지 세어 보고 수를 쓰세요.

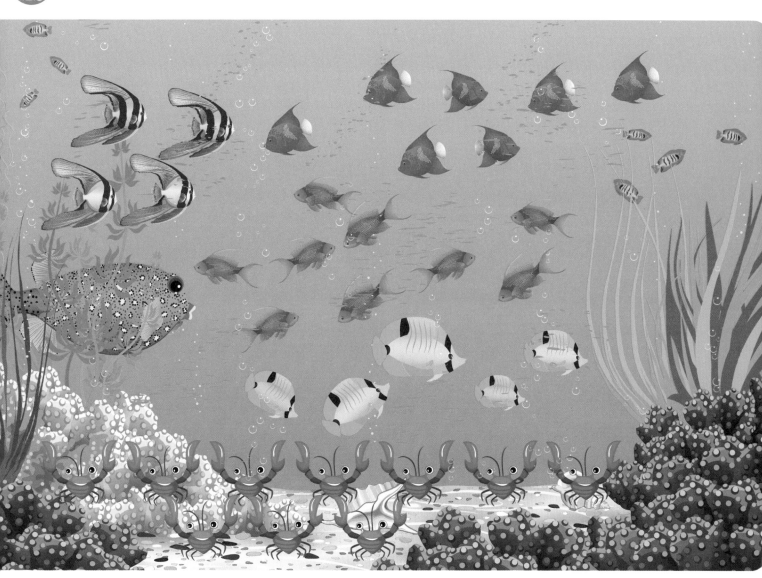

화살표 방향으로 1부터 10까지 차례대로 따라가 보세요.

1부터 10까지 차례대로 점을 이어 보세요.

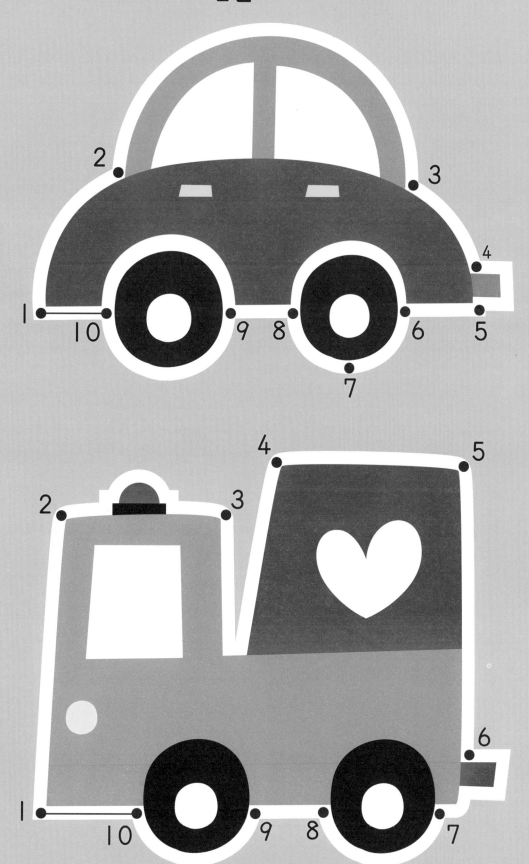

종합

은영이는 1부터 10까지 숫자가 쓰여 있는 감 중에서 1개를 땄어요. 은영이가 딴 감에는 어떤 숫자가 쓰여 있을까요?

1부터 10까지의 수

수리력, 인지력

1.2.3 빈 곳에 알맞은 수를 써넣으세요.

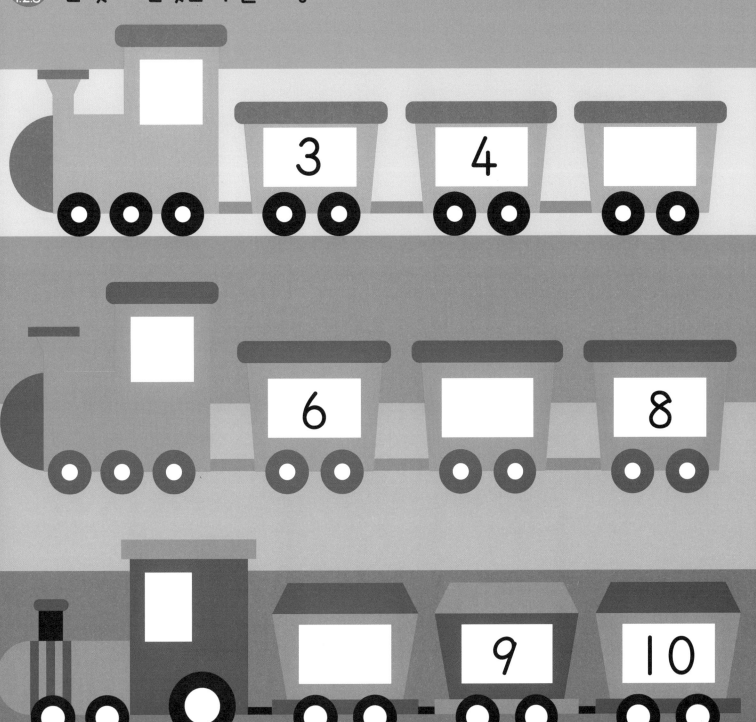

 빈 곳에 알맞은 수를 써넣으세요.

1		3		5
6		8		10

1				5
	7		9	
11	12	13	14	15

 어느 쪽이 더 클까요? 더 큰 수에 ◯표 하세요.

 그림을 보고 ☐ 안에 알맞은 수를 써넣으세요.

선생님은 ☐ 명입니다.

남자 어린이는 ☐ 명입니다.

여자는 ☐ 명입니다.

어린이는 모두 ☐ 명입니다.

자연학습장에 있는 사람은 모두 ☐ 명입니다.

 그림을 보고 ☐ 안에 알맞은 수를 써넣으세요.

여자 어린이는 ☐ 명입니다.

앉아 있는 어린이는 ☐ 명입니다.

얼굴이 보이는 어린이는 ☐ 명입니다.

어린이는 모두 ☐ 명입니다.

식당에 있는 사람은 모두 ☐ 명입니다.

종합

화살표 방향으로 1부터 10까지 차례대로 따라가 보세요.

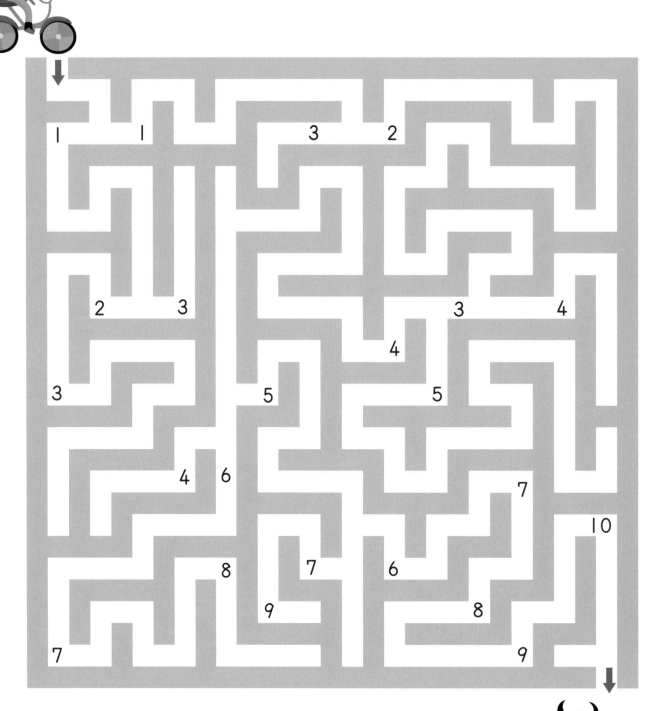

화살표 방향으로 1부터 10까지 차례대로 따라가 보세요.

종합

 1부터 10까지 차례대로 점을 잇고 색칠하세요.

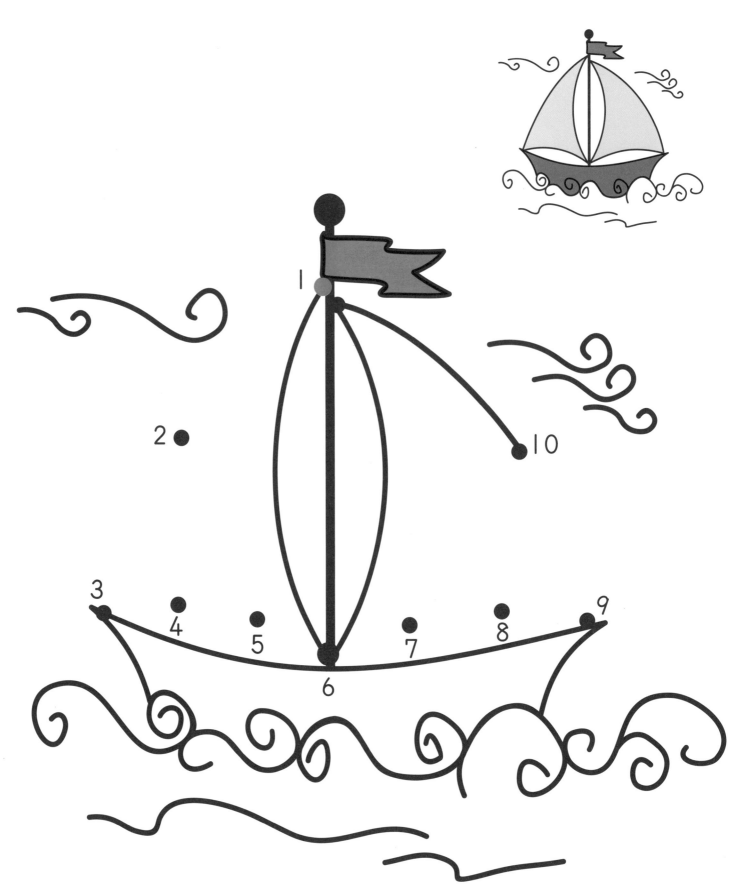

 1부터 10까지 차례대로 점을 잇고 색칠하세요.

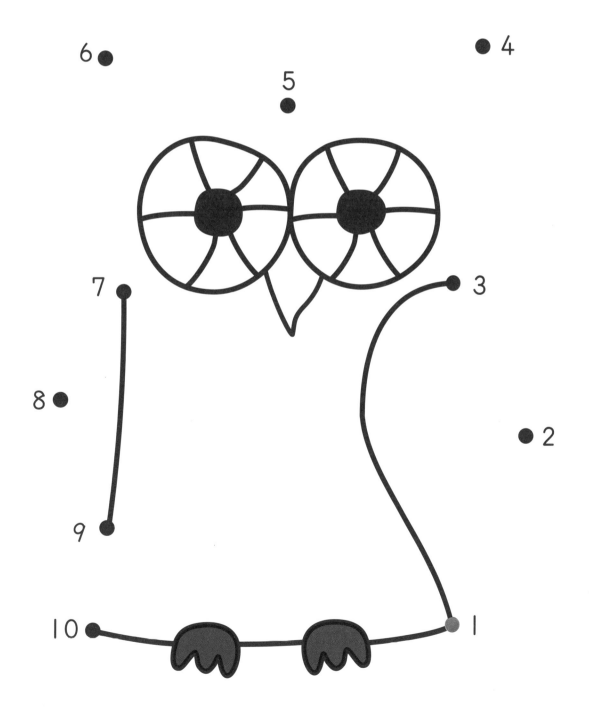

개미들이 1부터 10까지 10장의 카드를 차례대로 들고 있어요.
빈 곳에 알맞은 수를 써넣으세요.